黄金配方：

手工馅料

MIKI 编著

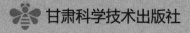
甘肃科学技术出版社

图书在版编目（CIP）数据

黄金配方：手工馅料 / MIKI编著. -- 兰州：甘肃
科学技术出版社，2017.10（2024.5重印）
ISBN 978-7-5424-2437-2

Ⅰ. ①黄… Ⅱ. ①M… Ⅲ. ①馅心－制作 Ⅳ.
①TS972.132

中国版本图书馆CIP数据核字(2017)第238209号

黄金配方：手工馅料
HUANGJIN PEIFANG:SHOUGONG XIANLIAO

MIKI　编著

出 版 人　王永生
责任编辑　黄培武
封面设计　深圳市金版文化发展股份有限公司

出 版　甘肃科学技术出版社
社 址　兰州市读者大道568号　730030
网 址　www.gskejipress.com
电 话　0931-8773238（编辑部）　0931-8773237（发行部）
京东官方旗舰店　http://mall.jd.com/index-655807.html

发 行　甘肃科学技术出版社　　印 刷　深圳市雅佳图印刷有限公司
开 本　720mm×1016mm　1/16　印 张　8　字 数　200千字
版 次　2018年1月第1版　　　　印 次　2024年5月第2次印刷
印 数　1～5000
书 号　ISBN 978-7-5424-2437-2
定 价　29.80元

Preface

中华面点博大精深，面以最大的包容性容纳各种馅料，呈现出各种不同的风味。包子、饺子、汤圆、糕点这些面点不时地循环出现在我们的餐桌上，这些食物之所以惹人喜爱，主要归功于它们多变好吃的馅料。

市面上贩卖的馅料，虽然方便好用，但总会担心是否有不健康的添加物，或质疑制作过程中有纰漏而导致品质不佳。既然有那么多担心，为何不试试自己动手制作呢？虽然花费一些工夫与时间，但是自己制作出来的美味、独特的内馅，均被大家喜爱，不是更有成就感？

本书收录了92款馅料，包括蔬菜馅、肉馅、海鲜馅、豆馅、创新馅，将美味馅料一网打尽。大多馅料还配有详细的步骤图解，让人轻松上手，时时享受美味。

韭菜冬粉蛋皮馅

制作材料

 原料

韭菜 200 克, 冬粉 150 克, 鸡蛋 8 克, 水发香菇 20 克, 豆干 200 克。

制作调料

调味料

米酒 10 毫升, 白糖 2 克, 芝麻油 5 毫升, 胡椒粉 3 克, 盐 4 克, 鸡粉 4 克。

 ◀ **步骤图解**

做法

1. 热锅注油烧热, 倒入打散的蛋液, 将其煎成蛋皮。
2. 盛出煎好的蛋皮, 冷却后切成丝, 待用。

馅料制作

3. 摘好的韭菜切碎, 豆干切小丁, 泡发好的香菇切成丁, 冬粉热水泡发后切段。
4. 将调味料倒入碗中, 加入蛋皮、韭菜、冬粉、豆干、香菇, 充分拌匀即成馅料。

↓

馅料的实际应用

韭菜盒子

原料

高筋面粉 150 克, 低筋面粉 50 克, 热水 110 克, 食用油适量。

内馅材料

韭菜冬粉蛋皮馅 600 克。

做法

1. 高筋面粉、低筋面粉混合过筛装入大碗中, 冲入热水, 搅拌匀。
2. 加入食用油, 揉成光滑不黏手的面团, 盖上保鲜膜醒面 30 分钟。
3. 面团切成大小均等的剂子, 再用擀面杖将剂子擀成面皮。
4. 取适量内馅入3个馅料。
5. 对折后沿边捏出花纹或捏成波纹皮。
6. 热锅注油烧热, 放入韭菜盒子, 以中火煎至两面金黄起即可。

小秘诀

面粉内加入少许白糖, 面团会更蓬松松软。

▲ **面点的小贴士**

Contents 目录

1 CHAPTER
馅料的公开课

2 CHAPTER
鲜甜爽口的蔬菜馅

应用示范

3 CHAPTER

丰富美味的肉馅

应用示范

4
CHAPTER

充满风情的海鲜馅

应用示范

5
CHAPTER

甜腻诱人的豆馅

应用示范

6
CHAPTER

时下流行创新馅料

应用示范

1 馅料的公开课

内馅才是美味的关键，热腾腾的包子一口咬下去，
鲜美的肉汁配上小麦的香气充盈着口腔，决定了美味的瞬间。
除了家家必学的经典口味，
市售的流行创新口味也都没有遗漏，全部收藏。

馅料的4大秘密

馅料分咸馅与甜馅。以咸口味的馅料来说，大多以肉类和蔬菜调和而成，咸馅中除非是素馅，一般来说都会包含肉类、蔬菜等材料。而中式点心中甜馅用途也甚广，和咸馅相比，甜馅制作程序相对繁琐耗时些，所以大部分的人会选择直接购买成品馅料，但市售的馅料为了存放时间加长会添加防腐剂，为了健康，还是自己做更为安心。

食材的选用与处理

绞肉篇：

咸馅大多用的肉类，一般会选用猪、牛、羊、鸡肉以及鱼、虾、蟹肉，其中猪肉用得最为广泛。猪肉所含的油脂较多，可以直接使用。要是选用过于瘦的腿肉，还可添加适量的猪肥膘来增加肉馅的滋润度，使口感不会过于干涩。

豆类篇：

各种甜馅中豆沙运用最广，先来教大家如何处理豆子。一般豆沙是选用干豆子来制作的，所以豆类洗净后要浸泡一段时间才易煮熟。但夏、冬季节温度不同，浸泡时间也需依季节再调整。

蔬菜前处理

与肉类的最佳比例：

为了让肉馅的口感与风味更佳，通常会加入蔬菜来搭配。馅料中的肉类蔬菜比例，约保持在1：1或2：1为最佳，肉类太多会失去添加蔬菜的意义，而蔬菜太多又会使馅料难以成形。而蔬菜都含有较多水分，在制作馅料的时候要适量地去除一些，但是韭菜类等挤水却会失去风味、口感。

不可少去的加盐去水：

　　蔬菜类要切碎，含水量高的蔬菜还必须用盐腌渍，以去除多余的水分，此举是为避免蔬菜和肉类混合后逐渐出水。馅料水分含量过多时，除了会难以成形不易包馅，也会使包好馅后因为馅料过软使面皮破裂。

秘密3 搅拌技巧

肉馅篇：

　　肉馅加入调料后，有了适当的咸度再加上不断的搅拌，才能达到所谓的"上筋"，这样也能让肉馅留住肉汁，让你一口咬下去汤汁饱满。如果希望绞肉能黏稠出筋，就得严守朝"同一方向"搅拌的原则。无论是顺时针或逆时针，只要持续朝同一方向搅拌，便能加速绞肉出筋。

豆类篇：

　　豆沙或豆馅炒炼时，因为材料黏稠，即使全程都以小火炒馅，加上炒馅时间很长，稍不留神就很容易炒焦失败，所以炒豆沙时必须全神贯注。因为豆沙在炒后水分会逐渐蒸发而变得浓稠，再加上糖、麦芽糖或奶油等材料后，会使豆沙越发黏稠难炒，所以炒馅时最好准备一只坚固的木铲，可以翻炒时都尽量将锅铲伸入锅底，以由下往上的方式将底部的豆沙翻炒至表面，才能使豆沙受热均匀；而炒豆馅的时候翻搅动作不宜过大过快，以免破坏了豆馅的口感。

秘密4 冷藏的奥义

　　本书的咸味馅料制作时，都会在肉类搅拌至出筋后，将馅料放入冰箱冷藏至少 30 分钟，这项程序除了可以使馅料更入味外，冷藏过后的内馅油脂会稍微凝固，使馅料更好成形、易于包馅。如果希望更入味的话，也可以让馅料冷藏半天以上。

馅料的搭配秘诀

食材搭配就是在食材上做加法，了解食材的特性后再做结合，不仅在味道上更上一层楼，也能在口感上层次分明，让食者回味无穷。

 咸馅

咸馅是运用猪肉、牛肉、鸡肉、鱼虾或爽脆的蔬菜当作基底，变化出各种风味。但是不同的基底在搭配上也是非常有讲究的。

猪肉味道较甜且油脂含量较高，适合与爽脆鲜甜的蔬菜来搭配，如白菜、韭菜等；而牛肉与羊肉大多会选用瘦肉的地方来剁馅，缺失油脂会使馅料口感上较干，一般添加少许猪肥肉，再添以多汁鲜嫩的蔬菜进去，味道就非常棒了，而且羊肉与牛肉本身肉的味道就浓郁，还可以与新鲜的香料一起来搭配，如茴香、迷迭香等；而海鲜的馅料更注重的是保持海鲜本身鲜甜的滋味，在搭配上使用的大多是能增加口感的食材，如山菌、竹笋、芹菜等。

 甜馅

甜馅的基底基本是豆沙、莲蓉这类软糯的食材，虽然香甜，但也存在味道单一的问题，回味不足，所以一般会选择增香、多层次的食材来搭配，如朗姆酒、蔓越莓、核桃、芝麻等食材，使豆沙风味更甚。

了解了这些搭配以后还不快在家试着做一下，来丰富自己的小食谱吧。

豆沙的演变方式

豆子的浸泡

豆沙馅一般都选用干豆子来制作，所以豆类洗净后要浸泡一段时间才易煮熟，浸豆水量以水位可盖过豆子为宜。但由于夏冬温度不同，浸泡的时间也需要依季节再加以斟酌调整，浸泡豆子的时间若太久，也会使豆类失去风味，需特别留意。

蒸豆的程度

豆类浸泡后，放入蒸锅大火蒸至豆皮开口，用手轻易就可捏破整颗豆类、不残留硬芯的程度为最佳，过于熟烂也不好。

打制成泥状

用来制作豆沙馅的主材料，是除去外皮后所留下的豆沙泥。豆类在蒸熟后，放入料理机内搅打成为泥状，豆沙是要去皮的，所以不宜打得太碎，以免给去豆皮增加太大的难度。

漂水沙洗

漂洗豆泥的目的，除了滤去豆皮，也可去除其中所含的皂素、胶质及杂质。做法是将锅置于滤网下，打好的豆子分次倒入滤网中，开流动水漂洗豆泥，此时豆子皮会留在滤网上，而豆沙会沉淀到盆底。

豆沙的脱水

所有的豆沙漂水完成后，将豆沙装入棉布袋中，用手将棉布袋搅扭挤去水分。此步骤应让豆沙仍保留些许水分，过度脱水会破坏豆沙的结构，使炒好的豆沙失去原有的豆香风味。

豆馅的风味

馅料中若添加核桃、松子、杏仁、夏威夷果等坚果类食材，若是想缩减手续的话可直接加入加工好的坚果碎；但是如果用的是生坚果的话，最好放入烤箱内烘烤出香味后再拌入馅料为佳。

大部分的素馅是由蔬菜与菌菇组成，
其鲜甜的味道跟爽脆的口感备受人们喜爱，
简单的调味就能尽情享受食材的原味。

2 鲜甜爽口的蔬菜馅

韭菜冬粉蛋皮馅 赏味期 冷藏 1~2 天

原料

韭菜 200 克，冬粉 150 克，鸡蛋 8 克，水发香菇 20 克，豆干 200 克。

调味料

米酒 10 毫升，白糖 2 克，芝麻油 5 毫升，胡椒粉 3 克，盐 4 克，鸡粉 4 克。

做法

1. 热锅注油烧热，倒入打散的蛋液，将其煎成蛋皮。
2. 盛出煎好的蛋皮，冷却后切成丝，待用。
3. 摘好的韭菜切碎，豆干切小丁，泡发好的香菇切成丁，冬粉热水泡发后切段。
4. 将调味料倒入碗中，加入蛋皮、韭菜、冬粉、豆干、香菇，充分拌匀即成馅料。

萝卜丝香菜馅 赏味期 冷藏 1~2 天

 原料

白萝卜 1200 克，香菜 100 克。

调味料

芝麻油 15 毫升，盐 3 克，鸡粉少许。

 做法

1. 香菜细细切碎，白萝卜去皮刨成丝。

2. 白萝卜丝内加入少许盐揉搓，腌制 30 分钟，挤去多余水分。

3. 将萝卜丝切小段，加入芝麻油、盐、鸡粉，充分拌匀。

4. 加入备好的香菜碎，拌匀即成馅料。

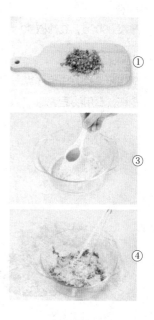

酸菜馅

赏味期 | 冷藏 1~2 天

原料

酸菜 300 克，红辣椒 40 克。

调味料

胡椒粉 3 克，白糖 4 克，生抽少许，食用油适量。

做法

1. 将酸菜洗净泡入清水中 5 分钟去除多余盐分，捞出挤尽水分切成丝。

2. 洗净的红椒切开去籽，切成丝待用。

3. 热锅注油烧热，放入红椒丝炒香，放入酸菜丝，快速翻炒匀。

4. 再加入胡椒粉、白糖、生抽，炒匀，盛出放凉后即成馅料。

青菜香菇馅

赏味期 | 冷藏 1~2 天

原料

上海青 300 克，干香菇 30 克，鸡蛋 8 克。

调味料

生抽 15 毫升，米酒 10 毫升，胡椒粉 3 克，盐、食用油各适量。

做法

1. 上海青切碎装入碗中，加入盐揉搓腌制 20 分钟，挤去多余的水分。

2. 香菇泡发后切碎，鸡蛋打入碗中，搅拌成蛋液。

3. 热锅注油烧热，倒入蛋液，翻炒至凝固，盛出后切碎。

4. 锅底留油，倒入香菇，翻炒爆香，淋入少许清水，加入全部的调理，翻炒匀。

5. 待汁收干盛出装入碗中放凉，再放入鸡蛋、上海青，充分拌匀即成馅料。

香辣豆腐馅 赏味期 | 冷藏 1~2 天

原料

老豆腐 300 克，红椒 100 克，葱花 15 克。

调味料

生抽 5 毫升，五香粉 3 克，盐 4 克，鸡粉 3 克，辣椒粉适量。

做法

1. 豆腐切成小丁块，红椒去籽再切成小丁。
2. 红椒内加入少许盐，搅拌腌制片刻，挤去多余的水分。
3. 将红椒倒入豆腐内，加入生抽、五香粉、盐、辣椒粉、鸡粉。
4. 搅拌匀，加入葱花，拌匀即成馅料。

韭菜鸡蛋馅 赏味期 | 冷藏 1~2 天

原料

韭菜 300 克，鸡蛋 7 克，虾皮 20 克。

调味料

盐 4 克，鸡粉 3 克，芝麻油适量。

做法

1. 鸡蛋打入碗中打匀，倒入注油的热锅中，翻炒碎，盛出待用。
2. 韭菜切碎装入碗中，加入鸡蛋碎、虾皮。
3. 加入盐、鸡粉、芝麻油，拌匀即成馅料。

奶白菜香菇馅

赏味期 | 冷藏 1~2 天

 原料

奶白菜 600 克，鲜香菇 30
克，干香菇 20 克，豆干
150 克。

调味料

Ⓐ 芝麻油 4 毫升，胡椒粉
3 克，盐 4 克，鸡粉少许。
Ⓑ 生抽 15 毫升，米酒 10
毫升，胡椒粉少许，食用
油适量。

 做法

1. 奶白菜放入沸水中余烫，捞出放入凉水中浸泡。

2. 捞出后细细切碎，挤去多余的水分装入碗中，放入调
味料 A，充分拌匀。

3. 干香菇泡发后切成丁，豆干切成小丁。

4. 鲜香菇放入沸水中，余烫后捞出切成小丁。

5. 热锅注油烧热，放入切好的香菇，爆香后加入豆干，
翻炒匀。

6. 淋入清水，加入调味料 B，小火翻炒至水收干，倒入
鲜菇丁，炒匀后盛出待用。

7. 将奶白菜碎倒入炒好的料中，搅拌匀即成馅料。

高丽菜面筋馅 赏味期 | 冷藏 1~2 天

 原料

高丽菜 1200 克，竹笋 150 克，面筋 100 克，干香菇 20 克。

调味料

Ⓐ 芝麻油 5 毫升，胡椒粉 3 克，盐 4 克，鸡粉少许。

Ⓑ 生抽 15 毫升，米酒 10 毫升，胡椒粉 3 克，食用油适量。

做法

1. 高丽菜切成小片，加入盐揉搓，腌制后挤去多余水分。
2. 将调味料 A 加入高丽菜内，搅拌匀备用。
3. 香菇泡发后切成细丁，面筋切碎，竹笋处理好切成丁。
4. 热锅注油烧热，放入香菇，炒香后加入面筋，翻炒匀。

5. 倒入竹笋，翻炒匀，加入生抽、米酒、胡椒粉，翻炒调味。
6. 淋入少许清水，翻炒收汁后盛出装入盘中。
7. 将炒好的料倒入高丽菜内，搅拌匀即成馅料。

百菇素馅 赏味期 | 冷藏 1~2 天

 原料

水发香菇 40 克，杏鲍菇 200 克，冬粉 40 克。

调味料

生抽 15 毫升，料酒 10 毫升，白糖 2 克，胡椒粉 3 克，盐、食用油各少许。

 做法

1. 香菇泡软去蒂切细丁，冬粉泡发后煎成小段，杏鲍菇切成丁。
2. 干锅内倒入杏鲍菇，以小火炒香，盛出待用。
3. 热锅注油烧热，倒入香菇丁，爆香。
4. 加入生抽、料酒、白糖、胡椒粉、盐，翻炒均匀，淋入少许清水。
5. 转小火略炒，加入炒好的杏鲍菇与粉丝，翻炒匀后盛出放凉即成馅料。

①

④

⑤

香菇萝卜馅

 原料

香菇 100 克，胡萝卜 250 克，鸡蛋 50 克，葱花 15 克。

调味料

生抽 4 毫升，盐 3 克，鸡粉 2 克，芝麻油 4 毫升，食用油适量。

做法

1. 香菇去蒂切碎，胡萝卜切成丝。
2. 鸡蛋打入碗中搅散，倒入煎锅摊成蛋皮，盛出切成丝。
3. 热锅注油烧热，倒入香菇、胡萝卜丝，炒出香味。
4. 淋入生抽，炒至萝卜丝微软后盛出。
5. 将蛋皮倒入炒好的料中，加入全部调味料。
6. 再加入葱花，充分拌匀即成馅料。

素三鲜馅 赏味期 冷藏1~2天

 原料

油菜 400 克，竹笋 200 克，
冬粉 40 克，干香菇 15 克，
豆干 200 克。

调味料

Ⓐ 芝麻油 4 毫升，胡椒粉
3 克，盐 4 克，鸡粉 3 克，
食用油适量。
Ⓑ 生抽 15 毫升，米酒 10
毫升，胡椒粉 3 克。

 做法

1. 香菇泡发后切成丁，竹笋、豆干均切成小丁，冬粉用
   温水泡软切成小段。
2. 油菜放入沸水锅中烫熟，捞出放入冷水中降温，捞出
   将其切碎。
3. 将油菜多余的水分挤去，加入芝麻油、胡椒粉、盐、
   鸡粉，搅拌匀。
4. 热锅注油烧热，放入香菇、竹笋、豆干，翻炒匀，盛
   出待用。
5. 油菜与炒好的料装入碗中，加入调味料 B，充分搅拌
   匀即成馅料。

韭菜虾米馅 赏味期 冷藏 1~2 天

 原料

韭菜 300 克，虾米 40 克，香干 100 克。

调味料

盐 4 克，鸡粉 3 克，芝麻油 4 毫升，料酒 4 毫升，食用油适量。

 做法

1. 摘洗干净的韭菜切碎，香干切成小粒。
2. 热锅注油烧热，倒入虾米，将虾米煎透煎香。
3. 韭菜、香干倒入碗中，倒入煎好的虾米与虾油。
4. 加入盐、鸡粉、芝麻油、料酒，充分拌匀后即成馅料。

西葫芦虾米馅 赏味期 | 冷藏 1~2 天

原料

西葫芦 300 克，虾皮 30 克，葱花 10 克。

调味料

盐 3 克，鸡粉 2 克，芝麻油适量。

做法

1. 西葫芦切成小粒，放入少许盐腌制，挤去多余的水分。
2. 将虾皮、葱花加入西葫芦内，搅拌匀。
3. 加入鸡粉、芝麻油、葱花，充分拌匀即可。

①

②

③

雪菜香菇馅 赏味期 冷藏 1~2 天

原料

新鲜雪菜 300 克，香菇 100 克，虾皮
少许。

调味料

生抽 4 毫升，料酒 5 毫升，盐 3 克，
芝麻油适量，食用油适量。

做法

1. 雪菜洗净切碎，香菇去蒂切成丁。
2. 雪菜内加入盐，搅拌后腌制片刻，
   再挤去多余水分。
3. 热锅注油烧热，倒入香菇，加入生
   抽、料酒，翻炒匀，倒入雪菜内。
4. 将备好的虾皮倒入，淋上少许芝麻
   油，拌匀即可。

笋丁香菇馅 赏味期 冷藏 1~2 天

原料

竹笋 200 克，香菇 100 克，葱花 10 克。

调味料

生抽 5 毫升，料酒 5 毫升，盐 2 克，
芝麻油、食用油各适量。

做法

1. 竹笋去壳切成小粒，香菇去蒂切成
   小粒。
2. 热锅注油烧热，倒入竹笋、香菇，
   炒匀。
3. 加入生抽、料酒、盐，翻炒片刻至
   入味。
4. 关火后淋上芝麻油，搅拌片刻盛出，
   加入葱花拌匀即可。

芋泥红薯馅

原料

芋头 350 克，红薯 350 克，白糖 100 克，麦芽糖 100 克。

调味料

食用油适量。

做法

1. 芋头、红薯分别去皮洗净，均切成片。
2. 将芋头、红薯放入烧开的蒸锅，将其蒸熟后捣成泥。
3. 将芋泥红薯倒入锅中，加入白糖、麦芽糖，小火炒匀至不黏手。
4. 加入食用油，继续翻炒至油分完全被吸收时关火。
5. 将馅料盛出装入碗中，冷却后密封冷冻保存。

金瓜芝士馅

原料

南瓜泥 500 克，芝士片 100 克，西芹 200 克。

调味料

胡椒粉 3 克，盐 4 克，鸡粉 3 克。

做法

1. 西芹剥去粗纤维切成细丁，芝士片成丁，待用。
2. 南瓜泥内加入所有的调味料，用筷子以单方向搅拌均匀。
3. 加入西芹、芝士丁，充分搅拌匀即成馅料。

紫薯山药馅 赏味期 | 冷藏 7 天、冷冻 15 天

 原料

山药 600 克，紫薯 300 克，
白糖 400 克，麦芽糖 80 克。

调味料

食用油适量。

 做法

1. 紫薯、山药分别去皮洗净，均切成片。
2. 将紫薯、山药放入烧开的蒸锅，将其蒸熟捣成泥。
3. 将山药薯泥倒入锅中，加入白糖、麦芽糖，小火炒匀至不黏手。
4. 加入食用油，继续翻炒至油分完全被吸收且不黏手时关火。
5. 将馅料盛出装入碗中，冷却后密封冷冻保存。

韭菜盒子

原料

高筋面粉 150 克，低筋面粉 50 克，热水 110 毫升，食用油适量。

内馅材料

韭菜冬粉蛋皮馅 600 克。

 做法

1. 高筋面粉、低筋面粉混合过筛装入大碗中，冲入热水，搅拌匀。
2. 加入食用油，揉成光滑不黏手的面团，盖上保鲜膜饧 30 分钟。
3. 面团切成大小均等的剂子，再用擀面杖将剂子擀成面皮。
4. 面皮内放入 3 勺馅料。
5. 对折后将边缘往内折出螺旋纹理。
6. 煎锅注油烧热，放入韭菜盒子，以中火煎至两面金黄即可。

小秘诀

面粉内加入少许白糖，面团会更香甜松软。

萝卜丝煎饺

原料

面粉 300 克，白芝麻、葱碎各适量。

内馅材料

萝卜丝香菜馅 300 克。

 做法

1. 面粉倒入碗中，注入适量清水，揉成光滑的面团，将面团搓成粗条，切成大小均匀的剂子。

2. 在案板上撒上少许面粉，擀成饺子皮。

3. 在饺子皮上放入适量的馅料。

4. 再用水在饺子皮上划半圈，捏出褶皱至整个饺子包好。

5. 平底锅放少许油，将包好的饺子整齐排列好，大火煎 1 分钟。

6. 将面粉和水调和均匀成面粉水，倒入煎饺中，水量为没过煎饺的一半。

7. 中火加盖焖至水干。

8. 出锅前撒少许白芝麻、葱碎即可。

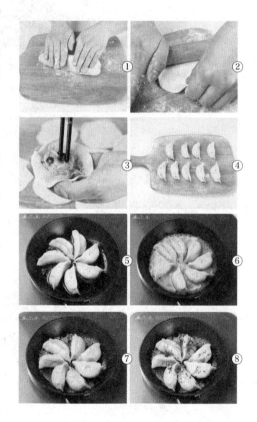

小秘诀

面粉水还可以换成淀粉水，煎出来的成品会呈现半透明状，更有食欲。

香菇青菜包子

原料

面粉 450 克，酵母 9 克。

内馅材料

青菜香菇馅 300 克。

 做法

1. 面粉、酵母内倒入适量温水混匀，再倒入碗中。

2. 揉成光滑的面团，面团静置发酵至原本的 2 倍大。

3. 将面团搓成粗条，切成大等份的剂子。

4. 在案板上撒上少许面粉，擀成包子皮。

5. 取适量的馅料放入面皮中央，由一处开始先捏出一个褶子，然后继续朝一个方向捏褶子。

6. 直至将面皮边缘捏完，收口，成包子生坯。

7. 做好的生坯用湿纱布盖起来，再静置约 20 分钟。

8. 蒸锅内放入适量的水，在蒸屉上刷一层薄油或垫上屉布，放入包子生坯。

9. 盖严锅盖，大火蒸约 18 分钟后关火，等约 3 分钟后再打开锅盖，取出即可。

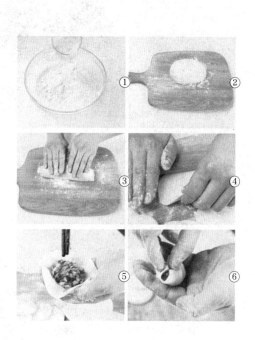

小秘诀

面团的发酵要看季节，夏天的时候发酵的时间可缩短。

肉馅是馅料中最常吃的了，
因为味道鲜美多元，且营养丰富而备受人们喜爱，
不管是猪肉、牛肉，还是羊肉，总有一款是你的爱。

3 丰富美味的肉馅

美味猪肉馅 赏味期 | 冷藏 1~2 天

原料

五花猪绞肉 600 克，葱花 10 克，姜蓉 5 克。

调味料

生抽 15 毫升，料酒 10 毫升，芝麻油 4 毫升，胡椒粉 3 克，盐 4 克，鸡粉适量。

做法

1. 猪绞肉、姜蓉装入碗中。
2. 放入生抽、料酒、芝麻油、胡椒粉、盐、鸡粉。
3. 用筷子或手单方向搅拌均匀，直到绞肉上劲。
4. 加入葱花，搅拌匀，再放入冰箱冷藏 3 分钟即为馅料。

①

②

③

④

玉米猪肉馅

 原料

五花猪绞肉 600 克，玉米粒 600 克，葱花 10 克。

调味料

生抽 15 毫升，料酒 10 毫升，芝麻油 4 毫升，胡椒粉 3 克，盐 4 克，鸡粉适量。

做法

1. 热锅注水，放入玉米粒，搅拌煮沸至断生。
2. 猪绞肉装入碗中，倒入全部的调味料。
3. 用筷子单向搅拌匀，再加入葱花拌匀后冷藏 3 分钟。
4. 将玉米放入冻好的肉馅中，搅拌匀即成馅料。

高丽菜猪肉馅 赏味期 冷藏1~2天

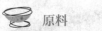 **原料**

五花猪绞肉400克，高丽菜120克，葱花10克，姜蓉10克。

调味料

生抽15克，米酒10毫升，芝麻油4毫升，盐4克，鸡粉3克。

 做法

1. 高丽菜切细碎装入碗中，加入少许盐，腌制2分钟，揉搓使其出水。

2. 猪绞肉、姜蓉装入碗中，放入生抽、米酒、芝麻油、盐、鸡粉。

3. 用筷子单向充分搅拌均匀，加入葱花，拌匀后放入冰箱冷藏3分钟。

4. 挤去高丽菜里多余的水分，与肉泥充分拌匀即成馅料。

韭菜猪肉馅 赏味期 冷藏1~2天

 原料

五花猪绞肉600克，韭菜400克，虾皮50克，葱花8克，姜蓉10克。

调味料

生抽15毫升，米酒10毫升，白糖2克，芝麻油4毫升，盐4克，胡椒粉3克，鸡粉少许。

 做法

1. 猪肉、姜蓉装入碗中，淋入生抽、米酒。
2. 加入白糖、芝麻油、盐、胡椒粉、鸡粉，单方向充分搅拌至肉泥上劲。
3. 再加入葱花，搅拌均匀，放入冰箱冷藏3分钟。
4. 摘洗好的韭菜切成末，待用。
5. 将虾皮加入肉泥，搅拌均匀。
6. 包馅前加入韭菜末轻轻拌匀即成馅料。

蚝油猪肉馅

原料

五花猪绞肉600克,葱花12克,姜蓉10克。

调味料

蚝油10克,米酒15毫升,白糖3克,芝麻油4毫升,胡椒粉3克,盐5克,鸡粉3克。

做法

1. 猪绞肉、姜蓉装入碗中,淋入米酒、芝麻油。
2. 再加入蚝油、白糖、胡椒粉、盐、鸡粉,用筷子单向充分拌匀至上劲。
3. 加入葱花后搅拌均匀,放入冰箱冷藏3分钟,即成馅料。

西葫芦猪肉馅

原料

五花猪绞肉400克,西葫芦600克,葱花10克。

调味料

生抽10毫升,米酒15毫升,芝麻油4毫升,白糖2克,胡椒粉3克,盐4克,鸡粉3克。

做法

1. 西葫芦切片切成四段,刨成丝后加入少许盐,揉搓腌制3分钟使其出水,将水分挤干。
2. 猪绞肉装入碗中,淋入生抽、米酒、芝麻油。
3. 放入白糖、胡椒粉、盐、鸡粉,单向充分拌匀至上劲。
4. 加入葱花搅拌均匀,放入冰箱冷藏3分钟。
5. 将西葫芦丝加入肉泥内,搅拌匀即成馅料。

酸菜猪肉馅 赏味期 冷藏 1~2 天

原料
五花猪绞肉 600 克，酸菜 400 克，葱花 8 克，姜蓉 10 克。

调味料
生抽 10 毫升，米酒 15 毫升，芝麻油 4 毫升，胡椒粉、盐、白糖各 4 克。

做法
1. 酸菜泡入清水 2 分钟，捞出挤去水分后切碎。
2. 猪绞肉、姜蓉装入碗中，淋入生抽、米酒，加入白糖、芝麻油、胡椒粉、盐，单向充分拌匀。
3. 放入葱花搅匀，放入冰箱冷藏 30 分钟后放入酸菜，拌匀即成馅料。

四季豆猪肉馅 赏味期 冷藏 1~2 天

原料
五花猪绞肉 600 克，四季豆 300 克，葱花 10 克，姜蓉 10 克。

调味料
生抽、米酒各 15 毫升，芝麻油 4 毫升，胡椒粉 3 克，盐 4 克，鸡粉 2 克。

做法
1. 锅中注水烧开后加盐、四季豆，余烫后捞出，过冷水后切碎。
2. 猪绞肉、姜蓉与调味料装入碗中，用筷子单向充分搅拌均匀。
3. 加入葱花，搅拌均匀后放入冰箱冷藏 30 分钟，将四季豆倒入肉泥内，拌匀后即成馅料。

香菇干贝猪肉馅 赏味期 冷藏 1~2 天

 原料

五花猪绞肉 600 克，香菇 300 克，干贝 8 克，葱花 8 克，姜蓉
10 克。

调味料

Ⓐ 米酒 8 毫升。

Ⓑ 生抽 15 毫升，米酒 10 毫升，白糖 3 克，芝麻油 4 毫升，
盐 4 克，胡椒粉 3 克，鸡粉 3 克。

 做法

1. 干贝泡入米酒内，泡发后将干贝切碎，香菇放入沸水中余烫，
   捞出后细细切碎。

2. 猪绞肉、姜蓉与调味料 B 装入碗中，单向充分拌至上劲，
   加入葱花，搅拌匀后放入冰箱冷藏 3 分钟。

3. 再将干贝、香菇装入肉泥中，搅拌匀后即成馅料。

梅干菜猪肉馅

原料

五花猪绞肉600克，梅干菜400克，葱花10克，姜蓉适量。

调味料

生抽10毫升，料酒8毫升，芝麻油4毫升，胡椒粉3克，盐4克，
鸡粉适量。

做法

1. 梅干菜洗净泡入热水中，去除多余盐分。
2. 猪肉、姜蓉装入碗中，放入全部的调味料。
3. 单向搅拌均匀，放入葱花拌匀后冷藏3分钟。
4. 将泡好的梅干菜挤去水分，切成细碎放入肉馅。
5. 充分搅拌匀，即成馅料。

賞味期 | 冷藏 1~2 天

甜椒鸡肉馅

原料

鸡胸肉 200 克，猪肥油 50 克，甜椒 100 克，姜蓉 10 克，葱花 5 克。

调味料

生抽 5 毫升，料酒 8 毫升，胡椒粉 3 克，盐 4 克，食用油适量。

做法

1. 鸡胸肉剁成肉末；甜椒切成小丁块。
2. 甜椒内加盐拌匀腌制后挤去水分。
3. 鸡肉、猪肥油、姜蓉装入碗中，加入生抽、料酒、胡椒粉、盐。
4. 单向拌匀，放入葱花拌匀后冷藏 30 分钟，再放入甜椒，拌匀即成馅料。

賞味期 | 冷藏 1~2 天

香菇鸡肉馅

原料

香菇 130 克，鸡胸肉泥 200 克，猪肥油 50 克，姜蓉 10 克，葱花 5 克。

调味料

生抽 5 毫升，料酒 8 毫升，胡椒粉 3 克，盐 4 克，食用油适量。

做法

1. 鸡肉、猪肥油、姜蓉倒入碗中，加入生抽、料酒、胡椒粉、盐。
2. 单向拌匀至上劲，加入葱花拌匀后冷藏 3 分钟。
3. 热锅注油烧热，倒入香菇，加入生抽后翻炒出香味，再倒入肉馅内，炒翻拌匀制成馅料即可。

洋葱鸡肉馅 赏味期 | 冷藏1~2天

原料

鸡胸肉450克，猪肥油50克，洋葱200克，葱花10克，姜蓉10克。

调味料

生抽13毫升，米酒15毫升，白糖2克，芝麻油4毫升，胡椒粉3克，盐4克，鸡粉3克。

做法

1. 鸡胸肉洗净剁碎，洋葱细细切碎。
2. 鸡肉、猪肥油、葱花、姜蓉装入碗中。
3. 加入生抽、米酒、白糖、芝麻油、胡椒粉、盐、鸡粉。
4. 单向拌匀上劲后冷藏30分钟，将洋葱放入肉馅里，搅拌均匀即可。

奶油鸡肉馅 赏味期 | 冷藏1~2天

原料

鸡胸肉泥500克，猪肥油50克，高丽菜300克，淡奶油80克，葱花、姜蓉各10克。

调味料

生抽8毫升，米酒15毫升，胡椒粉3克，盐4克，鸡粉3克。

做法

1. 高丽菜切丝后加入盐，拌匀腌片刻。
2. 鸡肉、猪肥油与所有的调味料加入碗中，单向充分拌匀至上劲。
3. 加入葱花拌匀后冷藏30分钟，将高丽菜、淡奶油倒入肉泥内，拌匀后即成馅料。

茴香牛肉虾馅 赏味期 | 冷藏 1~2 天

原料

牛绞肉 600 克，猪肥油 100 克，茴香 300 克，虾肉 200 克，
葱花 10 克，姜蓉 10 克。

调味料

生抽 10 毫升，米酒 15 毫升，芝麻油 3 毫升，胡椒粉 3 克，盐
4 克，鸡粉 3 克。

做法

1. 猪肥油剁碎，茴香去除较老的梗叶，切成末，虾肉剁碎。
2. 牛绞肉、猪肥油、姜蓉与全部的调味料装入碗中。
3. 用筷子单向充分搅拌均匀至上劲，加入葱花，拌匀后放入
   冰箱冷藏 3 分钟。
4. 将剩下的茴香、虾加入肉泥中，充分拌匀即成馅料。

①

②

③

西红柿牛肉馅 赏味期 | 冷藏 1~2 天

 原料

西红柿 250 克，牛绞肉 200 克，猪肥油 50 克，姜蓉 10 克，葱花 10 克。

调味料

生抽 5 毫升，料酒 8 毫升，盐 3 克，胡椒粉 2 克。

做法

1. 西红柿切成小丁块。
2. 牛绞肉、猪肥油、姜蓉倒入碗中，加入生抽、料酒、盐、胡椒粉。
3. 单向充分搅拌匀。
4. 将西红柿放入肉馅内，拌匀。
5. 加入葱花拌匀后冷藏 3 分钟即可。

②

③

④

⑤

芹菜牛肉馅

赏味期 | 冷藏 1~2 天

原料

牛绞肉 500 克，牛油 50 克，芹菜 400 克，葱花 10 克，姜蓉 10 克。

调味料

生抽 10 毫升，米酒 15 毫升，白糖 2 克，芝麻油 4 毫升，盐 4 克，鸡粉 3 克。

做法

1. 芹菜摘去叶子细细切碎。
2. 牛绞肉、牛油、姜蓉装入碗中。
3. 加入生抽、米酒、白糖、芝麻油、盐、鸡粉。
4. 单向充分搅拌均匀至肉泥上劲，加入葱花，拌匀。
5. 放入冰箱冷藏 3 分钟，取出加入芹菜碎。
6. 搅拌均匀后即成馅料。

竹笋牛肉馅

赏味期 | 冷藏 1~2 天

原料

牛绞肉 600 克，牛油 50 克，竹笋 200 克，水发香菇 20 克，葱花 10 克，姜蓉 5 克。

调味料

Ⓐ 生抽 10 毫升，料酒 15 毫升，白糖 2 克，芝麻油 4 毫升，胡椒粉 3 克，盐 4 克，鸡粉少许。

Ⓑ 生抽 8 毫升，米酒 8 毫升，胡椒粉 3 克，盐 2 克，鸡粉 2 克，食用油适量。

做法

1. 水发香菇去蒂切碎，处理好的竹笋切碎。
2. 牛绞肉内加入牛油、姜蓉，再放入调味料 A。
3. 单向搅拌匀，加入葱花拌匀后冷藏 3 分钟。
4. 热锅注油烧热，倒入香菇、竹笋，翻炒后淋入清水，放入调味料 B，翻炒收汁，盛出放凉。
5. 将炒好的菜倒入牛肉馅，搅拌匀后即成馅料。

芝士牛肉馅 赏味期 | 冷藏 1~2 天

原料

牛绞肉 400 克，土豆 200 克，芝士 200 克，洋葱 150 克，葱花 8 克。

调味料

生抽 10 毫升，米酒 15 毫升，盐 4 克，黑胡椒 3 克，鸡粉少许。

做法

1. 土豆去皮切丝，洋葱细细切碎。
2. 土豆丝放入沸水中，煮软后捞出。
3. 牛肉装入碗中，放入生抽、米酒、盐、黑胡椒、鸡粉。
4. 单向拌至上劲后冷藏 30 分钟，将洋葱、土豆和芝士放入，搅拌匀后即成馅料。

萝卜牛肉馅 赏味期 | 冷藏 1~2 天

原料

牛肉 300 克，猪肥油 50 克，白萝卜 600 克，香菜 300 克，葱花 10 克，姜蓉适量。

调味料

生抽 15 毫升，料酒 10 毫升，芝麻油 5 毫升，胡椒粉、盐、鸡粉各适量。

做法

1. 白萝卜切成细丝装入碗中，加入少许盐，拌匀挤去多余水分。
2. 牛肉、猪肥油、姜蓉装入碗中，加入全部调料。
3. 单向拌匀，加葱花拌匀冷藏 30 分钟后放入萝卜丝，拌匀即成馅料。

口蘑牛肉洋葱馅 赏味期 冷藏 1~2 天

🥣 **原料**

牛绞肉 500 克，牛油 50 克，口蘑 300 克，白洋葱 150 克，姜蓉 10 克。

调味料

生抽 10 毫升，米酒 15 毫升，黑胡椒粉 4 克，盐 4 克，鸡粉 2 克，食用油适量。

🍲 **做法**

1. 白洋葱去皮切成丝，口蘑切成小丁。
2. 口蘑放入沸水中余烫后，捞出待用。
3. 热锅注油烧热，放入洋葱丝，炒至焦糖色，盛出待用。
4. 牛绞肉、牛油、姜蓉装入碗中。
5. 放入生抽、米酒、黑胡椒粉、盐、鸡粉，单方向搅拌至上劲。
6. 放入冰箱冷藏 3 分钟，取出后加入洋葱、口蘑，拌匀即成馅料。

胡萝卜羊肉馅

 原料

胡萝卜 200 克，羊肉 600 克，猪肥油 100 克，葱花 10 克，姜蓉适量。

调味料

生抽 10 毫升，料酒 10 毫升，盐 3 克，胡椒粉适量。

做法

1. 胡萝卜切成丝，羊肉剁成肉末。
2. 羊肉、猪肥油、姜蓉倒入碗中，加入生抽、料酒、盐、胡椒粉。
3. 单向拌匀，放入葱花拌匀后冷藏 3 分钟。
4. 锅中注水烧开，放入胡萝卜，煮软后捞出。
5. 将胡萝卜倒入肉馅内，充分拌匀即成馅料。

迷迭香羊肉馅 赏味期 冷藏1~2天

 原料

羊肉600克，猪肥油100克，洋葱150克，迷迭香20克，葱花8克，姜蓉10克。

调味料

生抽15毫升，米酒10毫升，白糖2克，芝麻油6毫升，盐6克，胡椒粉4克，鸡粉少许。

 做法

1. 洋葱去皮细细切碎，迷迭香摘下叶子切碎。

2. 羊肉、猪肥油倒入料理机中打成肉泥，盛出装入碗中。

3. 再加入姜蓉、生抽、米酒、白糖、芝麻油、盐、胡椒粉、鸡粉。

4. 用筷子单向充分拌匀至上劲，加入葱花，拌匀后放入冰箱冷藏3分钟。

5. 将洋葱、迷迭香倒入肉泥内，拌匀即成馅料。

孜然羊肉馅 赏味期 | 冷藏 1~2 天

 原料

羊绞肉 600 克，猪肥油 100 克，洋葱碎 200 克，葱花 10 克，姜蓉适量。

调味料

孜然粉 3 克，生抽 15 毫升，料酒 10 毫升，芝麻油 3 毫升，盐 4 克，胡椒粉 3 克，鸡粉
适量。

做法

1. 绞肉、猪肥油、姜蓉倒入碗中，加入全部的调味料。
2. 单方向拌匀，加入葱花拌匀后进行冷藏 3 分钟。
3. 将备好的洋葱碎放入肉馅。
4. 充分搅拌匀即成馅料。

牛肉馅饼

原料

面粉 350 克。

内馅材料

西红柿牛肉馅。

 做法

1. 面粉倒入碗中，加入温开水。

2. 搅拌匀制成光滑的面团。

3. 将面团搓成粗条，再切成均等大小的剂子。

4. 剂子擀制成面皮，取适量馅料放入面皮内。

5. 由一处开始先捏出一个褶子，然后继续朝一个方向捏褶子，直至将面皮边缘捏完，收口后再将其压成饼。

6. 煎锅注油烧热，放入馅饼，单面煎成两面金黄色，翻面即可。

小秘诀

饼皮在制作时不宜过薄、过湿，以免破裂。

高丽菜猪肉锅贴

原料

中筋面粉 300 克。

内馅材料

高丽菜猪肉馅。

 做法

1. 面粉倒入碗中，注入适量清水。
2. 揉成光滑的面团。
3. 将面团搓成粗条，再切成大小均匀的剂子。
4. 在案板上撒上少许面粉，擀制成皮。
5. 取适量馅料放入，对折成半圆，由中心处捏合。
6. 将两边向中间捏合成两头三角状。
7. 将剩余的面片包制成生坯。
8. 煎锅注油烧热，排入锅贴，倒入调好的面粉水，用中火将水收干至锅贴熟透即可。

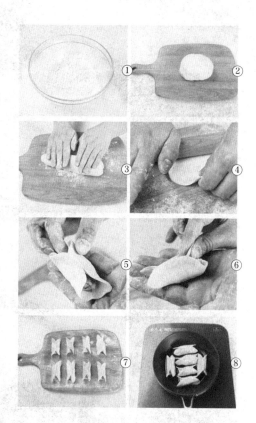

小秘诀

锅贴的馅料不宜过湿，以免漏馅出来。

胡萝卜羊肉包子

原料

中筋面粉 300 克，酵母 10 克。

内馅材料

胡萝卜羊肉馅 200 克。

 做法

1. 面粉、酵母倒入碗中，注入适量清水。
2. 揉成光滑的面团。
3. 将面团搓成粗条，切成大小均匀的剂子。
4. 在案板上撒上少许面粉，擀成包子皮。
5. 取适量的馅料放入面皮中央，由一处开始先捏出一个褶子，然后继续朝一个方向捏褶子。
6. 直至将面皮边缘捏完，收口，成包子生坯。
7. 做好的生坯用湿纱布盖起来，再静置约 2 分钟。
8. 蒸锅内放入适量的水，在蒸屉上刷一层薄油或垫上屉布，放入饧发好的生坯。
9. 盖严锅盖，大火蒸约18分钟后关火，等约3分钟后再打开锅盖，取出即可。

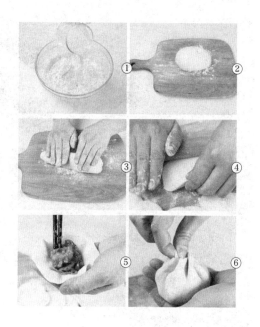

小秘诀

面发酵的时间要根据气温来决定，天气较炎热不易发酵过久，以免变质。

用海鲜做的馅料，不仅营养丰富，滋味更是妙不可言，
用面皮将这些美味包裹，咬一口满满都是大海的味道，
让人无法忘怀。

4 充满风情的海鲜馅

笋尖鲜虾馅 赏味期 冷藏1~2天

原料

竹笋200克，虾仁400克，芹菜100克，姜蓉适量。

调味料

生抽8毫升，料酒5毫升，米酒4毫升，芝麻油3毫升，食用油适量。

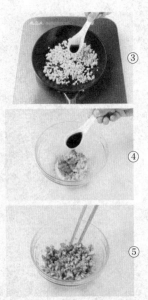
③
④
⑤

做法

1. 竹笋去壳切碎，虾仁剁成小粒，芹菜去叶切碎。
2. 热锅注油烧热，倒入笋粒，翻炒片刻。
3. 加入生抽、料酒，快速炒匀，倒入芹菜，翻炒。
4. 将炒好的料放凉，之后倒入虾仁内，淋入生抽拌匀。
5. 加入米酒、芝麻油，拌匀即成馅料。

海陆三鲜馅 赏味期 | 冷藏 1~2 天

 原料

五花猪绞肉 250 克，鲷鱼 150 克，虾仁 100 克，葱花 10 克，姜蓉适量。

调味料

Ⓐ 盐 2 克，料酒 8 毫升，胡椒粉 2 克，鸡粉适量。
Ⓑ 生抽 10 毫升，料酒 8 毫升，芝麻油适量。

 做法

1. 虾仁处理干净，剁成虾泥；鲷鱼去骨取肉，剁成鱼泥。
2. 猪绞肉、姜蓉装入碗中，再加入调味料 A。
3. 单向拌匀，加入葱花拌匀后冷藏 30 分钟。
4. 另取一碗放入虾泥、鱼泥，倒入调味料 B，单向拌匀。
5. 鱼虾泥倒入肉馅，拌至上劲即成馅料。

紫苏墨鱼馅　赏味期　冷藏 1~2 天

 原料

墨鱼 400 克，虾仁 200 克，猪肥油 50 克，海带 20 克，鲜紫
苏叶 100 克，葱花 10 克，姜蓉 10 克。

调味料

米酒 15 毫升，芝麻油 4 毫升，胡椒粉 2 克，盐 4 克，鸡粉 3 克。

 做法

1. 泡发好的海带切碎，紫苏切成细丝。
2. 处理好的墨鱼剁成鱼泥；虾仁去壳，剁成虾泥。
3. 鱼肉、虾泥、猪肥油、葱花、姜蓉倒入碗中，淋入米酒。
4. 加入全部调料，单向充分拌匀后放入冰箱冷藏 30 分钟。
5. 将紫苏、海带倒入肉馅，搅拌匀即成馅料。

③

④

⑤

干贝四季豆虾仁馅 赏味期 冷藏1~2天

 原料

虾仁 300 克，猪肥油 50 克，四季豆 250 克，干贝 30 克，葱花 10 克，姜蓉适量。

调味料

料酒 10 毫升，芝麻油 3 毫升，胡椒粉 3 克，盐 4 克，鸡粉适量。

 做法

1. 四季豆去皮切成小粒；虾仁去壳，剁成虾泥。
2. 四季豆内放入盐，拌匀腌制片刻，挤去多余水分。
3. 干贝放入开水中，浸泡软后捞出切碎。
4. 虾仁、猪肥油、葱花、姜蓉倒入碗中，倒入全部调味料。
5. 单向搅拌匀后放入冰箱冷藏 30 分钟。
6. 将四季豆、干贝丝放入虾仁馅，充分搅拌即成馅料。

白菜鲜虾馅 赏味期 冷藏1~2天

 原料

白菜 200 克，虾仁 300 克，猪肥油 50 克，葱花 10 克，姜蓉适量。

调味料

盐 2 克，鸡粉 2 克，料酒 10 毫升。

 做法

1. 将大白菜一叶叶放入滚水中余烫，捞起放入冷水中漂凉，挤干水分切碎后，再次挤干水分。
2. 虾仁、姜蓉和猪肥油放入碗中，再加入全部的调味料，用筷子或手同方向搅拌至有黏性，再加入葱花搅拌均匀，放入冰箱冷藏 30 分钟。
3. 将大白菜碎加入虾仁中拌匀，即为馅料。

韭黄虾仁馅 赏味期 冷藏 1~2 天

 原料

虾仁 300 克，猪肥油 50 克，韭黄 200 克，葱花 10 克，姜蓉适量。

调味料

米酒 10 毫升，胡椒粉 4 克，盐 4 克，鸡粉适量。

做法

1. 韭黄细细切碎，虾仁剁成虾泥，待用。
2. 虾泥、猪肥油、葱花、姜蓉装入碗中，放入全部的调味料。
3. 单向充分拌匀后放入冰箱冷藏 30 分钟。
4. 将韭黄倒入虾泥中，充分拌匀后即成馅料。

①

②

④

雪菜鲷鱼馅 赏味期 | 冷藏 1~2 天

原料

鲷鱼片 400 克，虾仁 200 克，猪肥油 50 克，雪菜 300 克，葱花 10 克，姜蓉适量。

调味料

料酒 10 毫升，芝麻油 4 毫升，胡椒粉 3 克，盐 4 克，鸡粉适量。

做法

1. 雪菜切碎装入碗中，倒入沸水锅中，加入少许盐。
2. 鲷鱼肉切成小丁，虾仁洗净切成泥，倒入碗中，加入猪肥油、雪里蕻。
3. 葱花、姜蓉装入碗中，加入全部的调味料。
4. 单向充分搅拌均匀即成馅料。

①

②

③

美味鲅鱼馅 赏味期 | 冷藏 1~2 天

原料

鲅鱼 300 克, 猪肥油 50 克, 韭菜 150 克,
葱花 10 克, 姜蓉适量。

调味料

料酒 10 毫升, 芝麻油 4 毫升, 胡椒粉
3 克, 盐 4 克, 鸡粉适量。

做法

1. 处理好的鲅鱼取肉切成小块, 韭菜
   切碎。
2. 鲅鱼内加入姜蓉、猪肥油和全部的
   调料, 充分拌匀。
3. 将葱花、韭菜加入鱼肉内, 拌匀即可。

莳萝三文鱼馅 赏味期 | 冷藏 1~2 天

原料

三文鱼 400 克, 虾仁 200 克, 猪肥油
50 克, 莳萝 50 克, 葱花 10 克, 姜蓉
适量。

调味料

料酒 10 毫升, 芝麻油 4 毫升, 胡椒粉 3 克,
盐 4 克, 鸡粉适量。

做法

1. 鱼肉切碎, 虾仁剁成泥, 莳萝切碎。
2. 三文鱼、虾仁、猪肥油、姜蓉倒入
   碗中, 加入全部的调味料。
3. 充分搅拌均匀, 加入葱花拌匀后放
   入冰箱冷藏 30 分钟。
4. 将莳萝倒入馅料内, 充分拌匀即可。

黄花鱼肉馅 赏味期 | 冷藏 1~2 天

 原料

黄花鱼肉 600 克，五花猪绞肉 300 克，葱花 10 克，姜蓉适量。

调味料

盐 4 克，鸡粉 3 克，料酒 10 毫升，胡椒粉 3 克。

 做法

1. 黄花鱼去骨取肉，剁成鱼泥。
2. 鱼肉、猪绞肉、姜蓉倒入碗中，加入全部的调味料。
3. 单向拌匀至上劲，放入葱花拌匀后冷藏 30 分钟即成馅料。

韭菜冬粉虾仁馅 赏味期 冷藏1~2天

 原料

韭菜 300 克，虾仁 50 克，冬粉 100 克。

调味料

盐 4 克，鸡粉 3 克，料酒 10 毫升，胡椒粉 3 克。

 做法

1. 韭菜切碎，虾仁剁成虾泥，泡发好的冬粉切碎。

2. 虾仁装入碗中，加入全部调味料，单向拌匀。

3. 加入韭菜、冬粉，充分拌匀即成馅料。

蛎虾三鲜馅 | 赏味期 | 冷藏 1~2 天 |

原料

牡蛎肉 150 克，虾仁 200 克，黄鱼 200 克，猪肥油 50 克，葱花 10 克，姜蓉适量。

调味料

盐 4 克，鸡粉 3 克，料酒 10 毫升，胡椒粉 3 克。

做法

1. 牡蛎肉剁碎，虾仁切成小粒，黄鱼去骨剁成泥。
2. 虾仁、鱼肉、猪肥油、姜蓉倒入碗中，加入全部的调味料。
3. 搅拌均匀，加入牡蛎肉。
4. 放入葱花，充分搅拌均匀即成馅料。

芥末海鲜馅 赏味期 | 冷藏 1~2 天

 原料

五花猪绞肉 250 克，虾仁 200 克，葱花 10 克，姜蓉适量。

调味料

芥末酱 10 克，盐 5 克，白糖 2 克，白胡椒粉适量。

 做法

1. 虾仁剁碎。

2. 猪绞肉、虾仁、姜蓉装入碗中，放入盐、白糖、白胡椒粉。

3. 单向拌匀后放入冰箱冷藏 30 分钟。

4. 将芥末酱、葱花加入虾仁内，充分拌匀即成馅料。

①

②

④

带子鲜菇馅 赏味期 | 冷藏 1~2 天

 原料

带子肉 200 克，口蘑 100 克，猪肥油 50 克，香芹 20 克，姜蓉适量。

调味料

盐 4 克，鸡粉 3 克，料酒 10 毫升，生抽 6 毫升，食用油适量。

做法

1. 带子去壳切成小粒，口蘑切碎，香芹切碎。

2. 带子肉、猪肥油、姜蓉装入碗中，加入全部调味料。

3. 充分拌匀后放入冰箱冷藏 30 分钟。

4. 热锅注油烧热，倒入口蘑，炒出香味。

5. 将炒好的口蘑倒入馅料内，再加入香芹，淋入料酒。

6. 充分搅拌均匀即成馅料。

萝卜丝鱼肉馅

 原料

白萝卜400克，鳕鱼150克，猪肥油30克，葱花10克，姜蓉适量。

调味料

盐4克，鸡粉3克，料酒10毫升，胡椒粉3克。

 做法

1. 萝卜切成丝，鱼肉去骨剁成泥。

2. 鱼肉、猪肥油、姜蓉倒入碗中，加入全部调味料。

3. 充分拌匀，加入葱花拌匀后冷藏30分钟。

4. 萝卜丝内加入盐，拌匀腌制片刻，挤去多余水分。

5. 将萝卜丝倒入鱼肉内，拌匀即可。

鲜虾小笼包

原料

中筋面粉 300 克，酵母粉 10 克。

内馅材料

笋尖鲜虾馅 200 克。

 做法

1. 面粉、酵母倒入碗中，注入适量清水。
2. 揉成光滑的面团。
3. 将面团搓成粗条。
4. 再切成大小均匀的剂子。
5. 在案板上撒上少许面粉，擀成包子皮。
6. 取适量的馅料放入面皮中央，由一处开始先捏出一个褶子，然后继续朝一个方向捏褶子。
7. 直至将面皮边缘捏完，收口，成包子生坯。
8. 做好的生坯放入笼屉内，用湿纱布盖起来，再静置约 20 分钟。
9. 放入烧开的蒸锅内，盖严锅盖，大火，蒸约 18 分钟后关火，等约 3 分钟后再打开锅盖，取出即可。

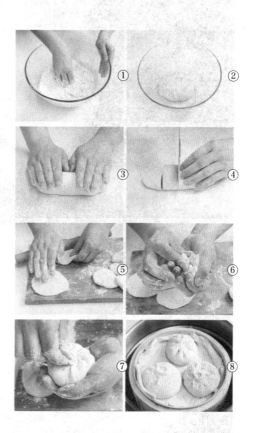

小秘诀

不喜欢芹菜的人可以将馅料中的芹菜换成香葱，也是一样美味。

四季豆虾仁饺子

原料
面粉300克。

内馅材料
四季豆虾仁馅200克。

 做法

1. 面粉倒入碗中，注入适量清水。
2. 揉成光滑的面团。
3. 面团搓成粗条，切成大小均匀的剂子。
4. 在案板上撒上少许面粉，擀成饺子皮。
5. 在饺子皮上放入适量的馅料，再用水在饺子皮上划半圈，捏出褶皱至整个饺子包好。
6. 锅中注水烧开，倒入饺子煮至开。
7. 再倒入少许清水再次煮开，煮至饺子完全浮起即成。

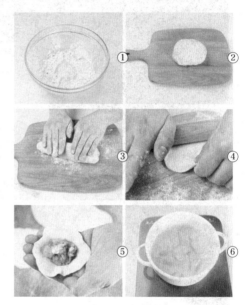

小秘诀

包饺子时，放入馅后可在周围抹一圈清水，会更易粘连。

紫苏墨鱼饺子

原料

面粉 300 克。

内馅材料

紫苏墨鱼馅 200 克。

 做法

1. 面粉倒入碗中，注入适量清水。
2. 揉成光滑的面团。
3. 将面团搓成粗条，切成大小均匀的剂子。
4. 在案板上撒上少许面粉，擀成饺子皮。
5. 在饺子皮上放入适量的馅料，再用水在饺子皮上划半圈。
6. 捏出褶皱至整个饺子包好。
7. 将剩余的面包片制成生坯。
8. 锅中注水烧开，倒入饺子拌匀煮至开，再倒入少许清水再次煮开，煮至饺子完全浮起即成。

小秘诀

不喜欢紫苏的人可以换成葱花，味道同样鲜美哦！

美味的豆馅是组成甜点的重要部分，
甜点好不好吃，馅料是决定胜负的关键，
所以还不快来跟着学习这甜点真正的奥义。

5 甜腻诱人的豆馅

红豆板栗馅 赏味期 | 冷藏7天 | 冷冻14天

 原料

熟红豆沙粒540克，糖渍板栗6粒，麦芽糖50克，食用油40毫升，白砂糖适量。

 做法

1. 将板栗切碎待用。

2. 熟红豆沙粒、麦芽糖、白砂糖倒入锅中，翻炒均匀至完全不黏手。

3. 再倒入食用油，翻炒至完全吸收，倒入板栗碎，搅拌均匀即成馅料。

奶油豆沙馅

| 赏味期 | 冷藏 7 天 | 冷冻 14 天 |

 原料

红豆沙 600 克，麦芽糖 50
克，奶油 80 克，芥花籽油
50 毫升，白砂糖 50 克。

 做法

1. 将红豆沙与白砂糖、麦芽糖一起放入铜锅或炒锅中，
   以小火翻炒至糖完全熔化，续翻炒至不黏手时，最后
   加入奶油与芥花籽油，续翻炒至油分完全被吸收且不
   黏手时即熄火。

2. 将馅料取出，摊平于不锈钢浅盘中，待其完全冷却后
   即可使用，或密封冷冻保存。

芒果豆沙馅

| 赏味期 | 冷藏 7 天 | 冷冻 14 天 |

 原料

白豆沙 500 克，芒果泥 200 克，芒果干 200 克，水 50 毫升，芥花油 100 毫升，麦芽糖 100 克，白砂糖 100 克。

 做法

1. 芒果干切小块，备用。

2. 将白豆沙、麦芽糖、白砂糖与水放入铜锅或砂锅中，以小火煮至糖完全熔化。

3. 加入芒果泥续翻炒至稠状，加入芒果干丁续翻炒至均匀不黏手。

4. 加入芥花油，续翻炒至油分完全被吸收且不黏手时即熄火。

花豆花生馅

 原料

花生泥 300 克，花豆 150 克，麦芽糖 50 克，食用油 40 毫升。

做法

1. 花豆切成小粒状。
2. 花生泥、麦芽糖倒入锅中，翻炒均匀至完全不黏手。
3. 加入食用油，炒至完全吸收，再倒入花豆碎，搅拌匀即可。

朗姆豆沙馅

| 赏味期 | 冷藏7天 | 冷冻14天 |

 原料

白豆沙200克，麦芽糖100克，白砂糖100克，朗姆酒30毫升，芥花油100毫升。

 做法

1. 白豆沙、麦芽糖、白砂糖倒入锅中，充分将糖炒化。
2. 炒至不黏手，倒入芥花油，充分炒匀至完全吸收。
3. 加入朗姆酒，翻炒均匀即成馅料。

奶油绿豆馅

赏味期 | 冷藏7天 | 冷冻14天

 原料

软化奶油 150 克，绵白糖
100 克，炼乳 50 克，熟绿
豆粉 250 克。

 做法

1. 将奶油放入钢盆中以打蛋器打匀后，加入绵白糖与炼乳拌匀，并以同方向打至奶油微发。

2. 加入绿豆粉以橡皮刮刀拌匀成团，即可直接使用，或密封冷冻保存。

核桃豆沙馅

| 赏味期 | 冷藏7天 | 冷冻14天 |

 原料

红豆沙馅600克，核桃仁
200克，麦芽糖100克，芥
花籽油50毫升，砂糖70克。

 做法

1. 核桃仁切碎备用。

2. 将红豆沙馅与砂糖、麦芽糖一起放入铜锅或炒锅中，
   以小火翻炒至完全熔化，再续炒至不黏手。

3. 加入核桃碎、芥花籽油，续翻炒至油分完全被吸收且
   不黏手时即熄火。

4. 将馅料取出，摊平于不锈钢浅盘中，待其完全冷却后
   即可使用，或密封冷冻保存。

日式红豆馅

赏味期 | 冷藏 7 天 | 冷冻 14 天

原料

红豆 600 克，细砂糖 500 克。

做法

1. 将红豆泡水至稍大，沥干后放入锅中，加水至盖过红豆，以大火煮沸，熄火倒出水分。
2. 再次加水盖过红豆，重新煮沸，重复以上做法共煮 3 次，直到红豆煮至完全熟软。
3. 加入细砂糖，小火慢慢收干，要不停地搅拌至不黏手即可。

绿豆馅

赏味期 | 冷藏 7 天 | 冷冻 14 天

原料

水发绿豆 600 克，细砂糖 500 克。

做法

1. 将绿豆放入深锅中，加水至盖过绿豆，以大火煮沸，熄火倒出水分。
2. 再次加水盖过绿豆，重新煮沸，重复以上做法共煮 3 次至完全熟软。
3. 趁热将绿豆放入搅碎机打碎，备用。
4. 将绿豆沙与细砂糖放入锅中，翻炒至不黏手时，放置冷却即可。

芝麻白豆馅

| 赏味期 | 冷藏7天 | 冷冻14天 |

原料

白豆沙馅 600 克

黑芝麻粉 200 克

芥花籽油 150 毫升

细砂糖 150 克

麦芽糖 100 克

做法

1. 将白豆沙馅放入铜锅或炒锅中，加入细砂糖与麦芽糖，以小火不断翻炒。

2. 加入黑芝麻粉续翻炒至均匀不黏手时，最后加入芥花籽油，续翻炒至油分完全被吸收且不黏手。

3. 将馅料取出，摊平于不锈钢浅盘中，待其完全冷却后即可使用，或密封冷冻保存。

酸梅豆沙馅

| 赏味期 | 冷藏7天 | 冷冻14天 |

原料

白豆沙馅 600 克，紫苏梅酱 150 克，麦芽糖 100 克，芥花籽油 150 毫升，细砂糖 100 克。

做法

1. 将白豆沙馅放入铜锅或炒锅中，加入细砂糖与麦芽糖，以小火不断翻炒至糖完全熔化。

2. 加入紫苏梅酱续炒至均匀不黏手，最后加入芥花籽油，续翻炒至油分完全被吸收且不黏手时即熄火。

3. 将馅料取出，摊平于不锈钢浅盘中，待其完全冷却后即可使用，或密封冷冻保存。

桂花绿豆馅

| 赏味期 | 冷藏 7 天 | 冷冻 14 天 |

 原料

绿豆沙 300 克，麦芽糖 100 克，砂糖 50 克，桂花糖 30 克，芥花油 150 毫升。

 做法

1. 绿豆沙、麦芽糖、砂糖倒入锅中，炒热使其熔化。

2. 再倒入芥花油，翻炒至吸收不黏手。

3. 倒入桂花糖，搅拌匀即可。

伯爵豆沙馅

原料

白豆沙馅500克，伯爵茶粉20克，水100毫升，苹果100克，芥花油150毫升，麦芽糖100克，砂糖50克。

做法

1. 苹果切粗丁，备用。
2. 将麦芽糖、砂糖与水放入铜锅或炒锅中，以小火煮至糖完全熔化，放入白豆沙，翻炒约5分钟，加入苹果干丁炒匀。
3. 加入芥花油，续翻炒至油分完全被吸收且不黏手，即可熄火。
4. 加入伯爵茶粉，拌匀后将馅料取出，摊平于不锈钢浅盘中，待其完全冷却后即可使用，或密封冷冻保存。

奶油核桃豆沙馅

赏味期 | 冷藏7天 | 冷冻14天

 原料

白豆沙馅600克，核桃仁180克，麦芽糖100克，奶油300克，细砂糖50克。

 做法

1. 核桃仁大略切碎备用。

2. 将白豆沙馅放入铜锅或砂锅中，加入细砂糖、奶油和麦芽糖，以小火不断翻炒至糖完全熔化。

3. 加入核桃碎续翻炒至油分完全被吸收且不黏手时即熄火。

豆沙南瓜馅

赏味期	冷藏7天	冷冻14天

原料

白豆沙馅 400 克

南瓜 500 克

芥花籽油 250 毫升

细砂糖 300 克

麦芽糖 200 克

做法

1. 将南瓜切半，用汤匙挖除南瓜籽后，放入锅中蒸熟。
2. 取出南瓜，用汤匙挖除南瓜肉，放入果汁机加少许水打成泥。
3. 南瓜泥倒入铜锅或炒锅中，加入细砂糖与麦芽糖，以小火翻炒煮至糖完全熔化。
4. 加入白豆沙馅续炒至完全吸收，加入芥花籽油，续翻炒使其完全吸收即成。

莲蓉豆沙馅

赏味期	冷藏7天	冷冻14天

原料

莲蓉馅 300 克，白豆沙馅 300 克，砂糖 100 克，麦芽糖 150 克，芥花籽油 150 毫升。

做法

1. 将2种馅料放入铜锅或炒锅中，加入砂糖，以小火煮至糖完全熔化，最后加入芥花籽油，续翻炒至油分完全被吸收且不黏手时即熄火。
2. 将馅料取出，摊平于不锈钢浅盘中，待其完全冷却后即可使用，或密封冷冻保存。

朗姆桂圆豆沙馅

| 赏味期 | 冷藏 7 天 | 冷冻 14 天 |

 原料

白豆沙馅 600 克，桂圆肉
200 克，朗姆酒 200 毫升，
麦芽糖 100 克，芥花籽油
150 毫升，细砂糖 50 克。

 做法

1. 将桂圆肉浸泡在朗姆酒中 24 小时备用。

2. 将白豆沙放入铜锅或炒锅中，加入细砂糖与麦芽糖，
   以小火不断翻炒至糖完全熔化。

3. 将桂圆肉连同朗姆酒加入锅中，续炒至均匀不黏手时，
   最后加入芥花籽油，续翻炒至油分完全被吸收且不黏
   手时即熄火。

4. 将馅料取出，摊平于不锈钢浅盘中，待其完全冷却后
   即可使用，或密封冷冻保存。

秋饼

原料

糯米粉 150 克，牛奶 250 毫升，白砂糖 70 克。

内馅材料

日式红豆馅 200 克。

 做法

1. 糯米粉装入碗中，加入白砂糖，倒入牛奶，拌匀。
2. 将糯米粉搅拌均匀成光滑的米浆。
3. 蒸笼内垫入棉布，并在底部撒适量白糖，防止粘连，再将拌匀的米浆倒入蒸笼中。
4. 放入烧开的蒸锅中，小火蒸制 15 分钟成年糕。
5. 待熟透后，取出年糕，趁热撕开纱布，用手揉匀。
6. 将凉透后的红豆沙取适量揉圆，在掌心上按扁。
7. 取一小块年糕放入红豆沙中。
8. 填入少许红豆沙包紧，收口后将红豆饼揉成型即可。

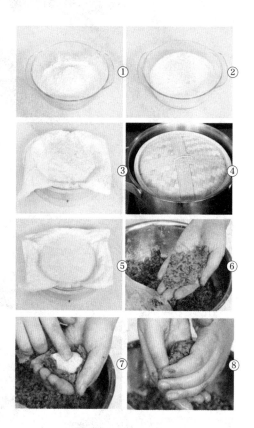

小秘诀

蒸好的年糕非常黏手，所以在捏年糕的时候双手一定要保持湿润，会更好上手哦。

朗姆豆沙饼

原料

油皮：中筋面粉180克，糖粉20克，盐2克，清水80毫升，猪油80克。

油酥：低筋面粉230克，猪油110克。

内馅材料

朗姆豆沙馅200克。

 做法

1. 将油皮的食材倒入碗中，搅拌均匀，揉成光滑的面团后搓粗条。

2. 油酥食材倒入碗中揉成油酥。

3. 将油皮切成数个30克面条，油酥切成16克小面团，油皮压成面皮完全包入油酥。

4. 擀成面皮后卷起，卷口向上地擀成片，再次卷起，包上保鲜膜静置10分钟，再擀成面皮。

5. 豆沙馅分成每份30克后搓圆，面皮填入内馅。

6. 边捏边转包裹住内馅，捏紧收口，整形后再用手掌压成饼状。

7. 逐一在中间按压至1/3深度，压出凹陷，凹陷朝下地放入烤盘。

8. 放入预热的烤箱，上火160℃，下火220℃，烤15分钟后翻面，再烤10分钟即可。

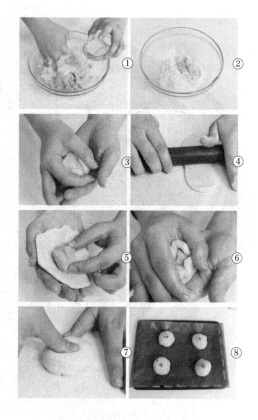

小秘诀

油皮一定要松弛，松弛时间看面团的紧实度来决定，以免烤制时酥皮破裂。

美味其实跟时尚一样，
每个时期都在随着人们的喜爱而变化着。
这里收集了各种网络流行且被人们喜欢的口味，
快来跟我们一起走在时尚的前沿吧！

6 时下流行创新馅料

柠檬巧克力馅

| 赏味期 | 冷藏 7 天 | 冷冻 14 天 |

原料

白豆沙 600 克，巧克力 250 克，柠檬 40 克，细砂糖 100 克，
麦芽糖 100 克，食用油 200 毫升。

做法

1. 将巧克力用刀切碎，洗净的柠檬削下柠檬皮屑。
2. 白豆沙放入锅内，加入细砂糖、麦芽糖，以小火炒化。
3. 炒至不黏手后加入食用油，充分翻炒均匀。
4. 加入巧克力、柠檬皮屑，挤入柠檬汁，拌匀。
5. 将馅料盛出放置冷却，密封冷藏即可。

绿茶松子馅

赏味期 | 冷藏 7 天 | 冷冻 14 天

 原料

白豆沙 600 克，绿茶粉 20 克，松子 120 克，细砂糖 100 克，
麦芽糖 100 克，食用油 200 毫升。

 做法

1. 将松子倒入锅内，中火干炒 20 分钟后盛出。
2. 白豆沙、细砂糖、麦芽糖倒入锅中，翻炒至熔化。
3. 倒入松子、食用油，炒至完全不黏手。
4. 加入绿茶粉，充分翻炒均匀，关火。
5. 将炒好的馅料盛出装入容器内，放凉后密封冷藏即可。

①

②

③

核桃芝麻馅

| 赏味期 | 冷藏 7 天 | 冷冻 14 天 |

 原料

黑芝麻粉 700 克，细砂糖
300 克，核桃仁碎 180 克，
食用油 250 毫升。

 做法

1. 核桃碎倒入锅中，中火干炒 20 分钟。

2. 黑芝麻、细砂糖倒入碗中，搅拌匀。

3. 倒入核桃碎、食用油，充分搅拌匀。

4. 拌好的馅料装入容器，密封冷藏即可。

奶油红薯馅 赏味期 | 冷藏 7 天 | 冷冻 14 天

原料

红薯 1200 克，麦芽糖 200 克，奶油 150 克，细砂糖 400 克。

做法

1. 红薯去皮切片，放入烧开的蒸锅，大火蒸熟。
2. 将红薯取出装入碗中，用勺子将其捣成泥。
3. 红薯泥倒入锅中，加入细砂糖、麦芽糖，小火炒匀。
4. 加入奶油，翻炒均匀至不黏手。
5. 将炒好的馅料盛出装入容器，密封放入冰箱冷藏即可。

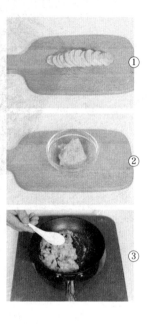

海盐巧克力馅

| 赏味期 | 冷藏 7 天 | 冷冻 14 天 |

 原料

白豆沙600克，苦甜巧克力
150克，可可粉20克，麦芽
糖100克，食用油200毫升，
细砂糖150克，海盐5克。

 做法

1. 苦甜巧克力切碎，待用。
2. 白豆沙倒入锅中，加入可可粉，搅拌匀。
3. 加入海盐、细砂糖、麦芽糖、苦甜巧克力，用小火翻炒熔化。
4. 倒入食用油，充分炒匀至完全不黏手。
5. 将炒好的馅料盛出装入容器，密封冷藏即可。

酒浸蔓越莓奶酥馅

| 赏味期 | 冷藏 7 天 | 冷冻 14 天 |

 原料

软化黄油 280 克，糖粉 230
克，鸡蛋 50 克，奶粉 280 克，
蔓越莓干 100 克，朗姆酒
100 毫升，盐 2 克。

 做法

1. 蔓越莓干倒入朗姆酒内，浸泡至软。
2. 将黄油倒入碗中，用打蛋器打匀。
3. 加入糖粉，单向打至泛白发起。
4. 打入鸡蛋，搅拌匀，放入奶粉、盐，用刮板拌匀。
5. 加入酒浸蔓越莓，充分拌匀，装入容器密封保存即可。

松子芝麻馅

原料

黑芝麻粉 700 克，食用油 250 毫升，
松子 150 克，细砂糖 300 克。

做法

1. 松子倒入煎锅内，小火干炒 20 分
   钟，备用。
2. 黑芝麻粉、细砂糖倒入碗中，搅
   拌匀。
3. 倒入松子、食用油，充分搅拌匀。
4. 将拌好的馅料装入容器中，密封冷
   藏即可。

炭烧咖啡馅

原料

白豆沙 600 克，炭烧咖啡粉 50 克，麦
芽糖 100 克，食用油 200 毫升，细砂糖
150 克。

做法

1. 白豆沙放入锅中，加入细砂糖、麦
   芽糖，以小火翻炒至熔化。
2. 加入咖啡粉，翻炒均匀。
3. 倒入食用油，翻炒至完全不黏手。
4. 盛出装入容器，再放入冰箱冷藏
   即可。

榛果巧克力馅　| 赏味期 | 冷藏 7 天 | 冷冻 14 天 |

 原料

白豆沙 600 克，巧克力 200 克，榛果酱 200 克，麦芽糖 100 克，
食用油 200 毫升，细砂糖 50 克。

做法

1. 将巧克力切碎，待用。
2. 白豆沙倒入锅中，加入细砂糖、麦芽糖，翻炒均匀。
3. 倒入榛果酱、巧克力碎，翻炒至不黏手。
4. 加入食用油，搅拌匀后装入容器，放入冰箱冷藏即可。

①

②

③

杏仁奶酥馅 | 赏味期 | 冷藏7天 | 冷冻14天 |

原料

软化黄油250克，糖粉230克，鸡蛋60克，杏仁粉50克，奶粉280克，杏仁碎100克，盐2克。

做法

1. 黄油倒入盆中，用打蛋器将其打匀。
2. 加入糖粉，将黄油打至泛白发起。
3. 放入鸡蛋，搅拌匀，加入奶粉、杏仁粉，用搅拌棒拌匀。
4. 加入杏仁碎、盐，拌匀后装入容器，放入冰箱冷藏即可。

奶油花生馅 赏味期 | 冷藏7天 | 冷冻14天

 原料

熟花生粉 250 克，软化黄油 150 克，炼乳 50 克，白砂糖 100 克。

 做法

1. 将黄油倒入盆中，用打蛋器打匀。
2. 加入白砂糖、炼乳，单向打发。
3. 倒入花生粉，充分拌匀装入容器密封，放入冰箱冷藏即可。

枣泥馅　赏味期 | 冷藏7天 | 冷冻14天

 原料

黑枣干300克，细砂糖500
克，麦芽糖150克，食用
油150毫升。

 做法

1. 黑枣切碎去籽，放入烧开的蒸锅内，将其蒸烂。

2. 将黑枣取出后放凉，倒入搅拌机，将其打碎。

3. 打碎后的枣泥倒入滤网，过筛滤去枣皮。

4. 枣泥、细砂糖、麦芽糖倒入炒锅中，小火将其炒至熔化。

5. 加入食用油，炒至完全吸收不黏手，关火。

6. 将炒好的馅料盛出密封到容器中，放入冰箱冷藏即可。

莲蓉栗子馅

| 赏味期 | 冷藏 7 天 | 冷冻 14 天 |

 原料

莲子 300 克，细砂糖 250 克，麦芽糖 100 克，花生油 150 毫升，糖渍栗子 25 克。

 做法

1. 泡发好的莲子放入烧开的蒸锅内，将其蒸烂。
2. 将莲子取出，剔去莲心，将莲肉捣烂制成莲蓉。
3. 莲蓉、细砂糖、麦芽糖倒入锅中，小火翻炒至糖完全熔化。
4. 加入花生油，翻炒至完全吸收不黏手，盛出待用。
5. 将栗子肉切碎，倒入莲蓉内，充分搅拌匀。
6. 拌好的馅料装入容器内，放入冰箱冷藏即可。

莲蓉乌龙茶馅

原料

莲子 300 克

麦芽糖 100 克

花生油 150 毫升

乌龙茶 20 克

细砂糖 250 克

做法

1. 将乌龙茶放入料理机，打成粉末，待用。

2. 泡发好的莲子放入烧开的蒸锅内，将其蒸烂。

3. 将莲子取出，剔去莲心，将莲肉捣烂制成莲蓉。

4. 莲蓉、细砂糖、麦芽糖倒入锅中，小火翻炒至糖完全熔化。

5. 加入乌龙茶粉，充分翻炒均匀。

6. 加入花生油，炒至完全不黏手即可。

奶油椰子馅

原料

黄油 280 克，糖粉 230 克，盐 2 克，鸡蛋 90 克，奶粉 280 克，椰蓉 100 克。

做法

1. 软化的黄油倒入碗中，用打蛋器将其打匀。

2. 加入糖粉、盐，将其打至黄油泛白。

3. 敲入鸡蛋，充分搅拌匀。

4. 放入奶粉，用搅拌棒拌匀。

5. 倒入椰蓉，充分拌匀后装入容器中冷藏即可。

柚子白豆馅 赏味期 | 冷藏7天 | 冷冻14天

 原料

白豆沙400克，蜂蜜柚子茶30克，细糖250克，麦芽糖100克，花生油150毫升。

 做法

1. 白豆沙、细砂糖、麦芽糖倒入锅中，翻炒均匀。
2. 倒入花生油，翻炒至完全不黏手。
3. 关火，加入蜂蜜柚子茶，充分拌匀即成馅料。

夏威夷果芝麻馅 赏味期 | 冷藏7天 | 冷冻14天

 原料

黑芝麻粉 700 克，白砂糖
300 克，食用油 250 毫升，
夏威夷果 180 克。

 做法

1. 夏威夷果放入烤箱以 150℃烤 20 分钟至熟。
2. 将烤好的夏威夷果切碎。
3. 黑芝麻内加入白砂糖、夏威夷果碎，充分拌匀。
4. 倒入食用油，充分拌匀后装入容器，放入冰箱冷藏
   即可。

流沙奶黄馅 赏味期 | 冷藏 7 天 | 冷冻 14 天

 原料

软化黄油 250 克, 糖粉 230 克, 盐 2 克, 鸡蛋 60 克, 杏仁粉 50 克, 奶粉 280 克, 杏仁碎 100 克。

 做法

1. 黄油倒入盆中, 用打蛋器将其打匀。
2. 加入糖粉, 将黄油打至泛白发起。
3. 放入鸡蛋, 搅拌匀, 加入奶粉、杏仁粉, 用搅拌棒拌匀。
4. 加入杏仁碎、盐, 拌匀后装入容器, 放入冰箱冷藏即可。

奶黄包

原料

中筋面粉 300 克，酵母 10 克。

内馅材料

流沙奶黄馅 200 克。

 做法

1. 将面粉、水、酵母倒入盆中，揉搓成面团。

2. 面团取出，案板上抹少量油，揉和成光滑的面团。

3. 置于盆中，包上保鲜膜，置于28℃烤箱或者室温，发酵至2倍大。

4. 取出排气，重新揉圆，将面团搓长条状分出小剂子。

5. 擀成圆形面皮。

6. 将冰箱里的奶黄馅取出，取一小坨奶黄馅搓成圆形小球，置于面皮中间。

7. 包成圆形包子状，收口朝下。

8. 蒸锅注水烧上汽，将包子放入锅内，盖上锅盖，大火蒸15分钟左右即可。

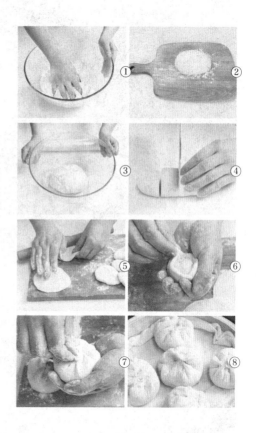

小秘诀

面团的发酵看季节，要是夏季不宜发酵时间过长。

地瓜大福

原料

糯米粉 200 克，面粉 100 克，糖粉 30 克，食用油适量。

内馅材料

奶油红薯馅 200 克。

 做法

1. 把糯米粉、面粉、糖粉混合均匀，分次加入少许水。
2. 不停的搅拌至充分半液体的粉浆。
3. 再加入少许食用油，搅拌均匀放入蒸锅内蒸熟，取出放凉。
4. 在面板上撒上熟糯米粉，将蒸好的糯米团揪一小撮面团，按压成稍厚的面皮。
5. 包入适量的红薯泥馅，再将手收拢将馅料完全包裹住。
6. 像包汤圆一样把它逐一包好，揉搓成圆形即可。

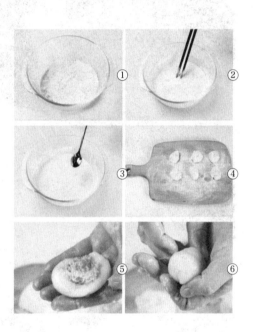

小秘诀

外皮擀制一定要厚薄均匀，才能实现最好的口感。

枣花酥

原料

油皮：中筋面粉 180 克，糖粉 20 克，盐 2 克，清水 80 毫升，猪油 80 克。

油酥：低筋面粉 230 克，猪油 110 克。

其他

蛋黄液、黑芝麻各适量。

内馅材料

枣泥馅 200 克。

 做法

1. 油皮的食材倒入碗中，混匀揉成光滑的面团后搓粗条。

2. 油酥食材倒入碗后混匀成油面。

3. 油皮切成数个 30 克面团，油酥切成等数 16 克面团，油皮压扁完全包入油酥。

4. 再擀成椭圆后卷起，包上保鲜膜松弛 10 分钟，再擀成油酥皮。

5. 馅料分成 40 克，揉圆填入皮内，按压后边捏边转裹住内馅。

6. 捏紧收口，收口朝下摆放压扁。

7. 擀成饼，用剪刀沿边剪 12 刀成"花瓣"，再扭成花的模样，摆入烤盘。

8. 蘸蛋黄液涂在中心，再撒上芝麻。

9. 放入预热好的烤箱，烤 15 分钟后，至酥皮层次完全展开即可。

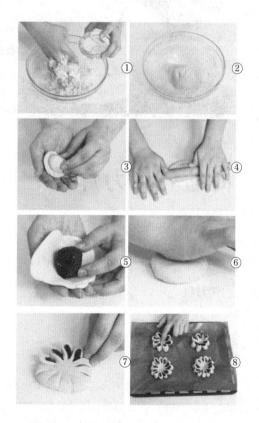

① ② ③ ④ ⑤ ⑥ ⑦ ⑧

 小秘诀

在捏制花瓣时一定要非常小心，以免将其扭至断裂了。

海盐巧克力炸包 赏味期 冷藏 1~2 天

🥣 **原料**

中筋面粉 300 克,酵母粉 5 克,黑芝麻粉 60 克,白砂糖 25 克。

内馅材料

海盐巧克力馅。

🍲 **做法**

1. 将中筋面粉过筛后倒入容器中,与酵母粉拌匀。
2. 倒入白砂糖、黑芝麻粉、适量清水,揉拌均匀成光滑面团。覆盖上保鲜膜,再用刀子略戳出数洞后,静置发酵 90 分钟。
3. 取出发酵好的面团,擀成厚约 1 厘米的面皮,均匀分切成 18 个面团,擀成外缘薄、中间厚的圆面皮(直径约 8 厘米)。
4. 热锅注油烧热,放入发酵好的生坯炸至金黄色即可。
5. 将巧克力馅装入裱花袋内,炸包上戳小洞,挤上馅料即可。